DÉFENSE DU MÉMOIRE

SUR LES

CAUSES DE LA COLORATION

DES

ŒUFS DES OISEAUX

ET DES

PARTIES ORGANIQUES ANIMALES ET VÉGÉTALES

PAR LE

Docteur Joseph-Émile CORNAY

PARIS

P. ASSELIN, SUCCESSEUR DE LABÉ, LIBRAIRE DE LA FACULTÉ DE MÉDECINE

PLACE DE L'ÉCOLE-DE-MÉDECINE, 4.

—

11 JUILLET 1860

[illegible]

[illegible]

XUAN [illegible]

[illegible]

[illegible]

[illegible]

DÉFENSE DU MÉMOIRE

SUR LES

CAUSES DE LA COLORATION

DES

ŒUFS DES OISEAUX

ET DES

PARTIES ORGANIQUES ANIMALES ET VÉGÉTALES

PAR LE

Docteur Joseph-Émile CORNAY

PARIS

P. ASSELIN, SUCCESSEUR DE LABÉ, LIBRAIRE DE LA FACULTÉ DE MÉDECINE

PLACE DE L'ÉCOLE-DE-MÉDECINE, 4.

---

11 JUILLET 1860

HOMMAGE AMICAL

à

O. DES MURS

Paris, le 24 juin 1860.

Digne ami,

Puis-je dédier à un oologiste plus probe et plus savant que vous, à un juge plus naturel, la défense de mon mémoire.

Vous avez fait de l'étude de l'œuf des oiseaux, depuis votre enfance, l'objet continuel de vos plus chères occupations, pensant avec juste raison qu'il en sortirait quelque avantage, et, tout en respectant vos devanciers dont vous avez popularisé les travaux, vous n'avez pas cru devoir oublier les auteurs de votre époque. Votre *Traité d'oologie* est une œuvre gigantesque, honnête et sage ; honneur vous en soit publiquement rendu !

Vos dernières lettres me prouvent une telle abnégation de vous-même dans les questions scientifiques, et vous vous y montrez si indigné du plagiat, qu'en mon âme je dois faire connaître votre noble caractère.

Recevez mes plus vives félicitations,

J.-E. CORNAY.

Mon cher CORNAY

Merci ! d'une dédicace trop flatteuse et à laquelle, malgré votre amitié, je me crois fort peu des droits que vous voulez bien m'y attribuer.

Il est vrai qu'en matière scientifique plus qu'en tout autre je n'ai jamais compris le *personnalisme*.

L'homme qui se hasarde à tenir la plume doit alors, dans l'ordre des idées comme dans l'ordre des faits, se placer à son rang chronologique tant à l'égard de ses devanciers qu'à celui de ses contemporains.

C'est là le vrai savoir-vivre de l'écrivain. En se conformant à cette règle de bon goût, dont nous ont toujours donné l'exemple les *Cuvier*, les *Geoffroy St-Hilaire*, les *Flourens*, etc., on serait constamment certain de se montrer juste et impartial, et l'on éviterait ces écarts ou ces aberrations du sens droit et honnête qui mènent fatalement à ce que vous qualifiez si à propos de plagiat.

Votre ami bien affectionné,

O. DES MURS.

Nogent-le-Rotrou, 26 juin 1860.

— 4 —

Le 11 juillet 1860.

Cette lettre justiciale, reproduite ici, et que m'adressa mon très honorable ami Des
Murs, m'a mis dans l'obligation de considérer comme un devoir de lui dédier cette
défense de mon œuvre.   J.-E. C.

Nogent-le-Rotrou, jeudi 14 juin 1860.

Mon cher docteur,

Encore sous l'impression de votre intéressant mémoire sur les *Causes de la coloration des œufs des oiseaux et des parties organiques animales et végétales*, qui renferme
la révélation et l'explication de faits si imprévus, et d'une si haute portée physiologique, la lecture de l'article incroyable de M. Moquin-Tandon publié dans le n° 5 de
la *Revue de zoologie*, intitulé : *Recherches chimiques sur la couleur de quelques œufs
d'oiseaux*, et qui paraît quarante jours après l'impression et la publication de votre
travail éminemment philosophique, m'a fait monter le rouge au visage comme si je
me fusse trouvé témoin involontaire d'une mauvaise action ; car il me paraît en partie
une reproduction du vôtre, que la majesté seule de sa dédicace aurait au moins dû
faire hésiter à se faire jour et dans les termes où cet article est écrit et dans la forme
qu'il revêt, et avec le système de mutisme absolu dans lequel il se renferme à votre
égard.

Ce sentiment me fait interrompre momentanément l'ordre et le travail de mes *observations* (1), que j'avais subordonné jusqu'ici à celui suivi par l'auteur des considérations sur les œufs des oiseaux, *et pour cause*, pour en arriver de suite aux réflexions
que me suggère son chapitre 5 de la couleur des œufs.

Je ne vous ferai remarquer qu'en passant d'abord, que, dans la distribution de ses
matières, M. Moquin-Tandon a exactement pris pour exemple celle que j'avais adoptée
dans mes divers mémoires d'ovographie ornithologique de 1842, 1843 et 1844 et
que j'ai conservée dans mon traité d'oologie ornithologique, paru fin mars 1860. Que
n'a-t-il aussi suivi mon exemple d'impartialité et de désintéressement personnel !
Peu importent donc les dates, qu'il lui plaît après coup de donner à ses notes, de
1845 ou de 1847. Pour nous, comme pour tous les oologistes, son travail ne prendra
toujours date que de ses diverses époques de publication, 1858, 1859 et 1860.

Ce système bâtard et manquant de cette franche allure qui distingue les anciens
auteurs, nos maîtres, a plus d'un inconvénient.

En matière scientifique, les faits, comme les observations, n'ont d'autres dates
réelles et valables que celles de leur publication ; or, qui dit publication dit impression.

Ceci posé, que signifient ces ambages, ces efforts de rédaction, ces notes ou ren-
vois tendant à faire comprendre que ce que l'on publie en 1860 date comme travail
de 1845 ou 1847 ? Absolument rien, au point que, sans faire aucunement injure à
M. Moquin-Tandon, et sans qu'il puisse davantage s'en plaindre, on n'est pas plus tenu
d'y avoir croyance que d'y faire attention. Les seules vraies de ses dates, pour moi, sont
celles qui concernent ses descriptions de nids et d'œufs, et encore cela ne les rend-il
pas plus vieilles d'un jour, *sauf leur enfantillage*, sur celui où elles ont été im-
primées.

Du moment que vous publiez en 1860, quelle que soit l'époque de votre travail,
vous êtes tenu de lui donner le cachet de celle de votre publication et de le mettre

(1) Voir *Revue et Magasin de Zoologie*, année 1860, pages 110 à 118.

en rapport avec les connaissances du jour et à leur niveau, autrement il n'aura pas plus de valeur qu'un ouvrage de trente ans que l'on s'amuserait à rééditer sans tenir compte de tout ce qui aurait été publié depuis sur le même sujet.

Dès lors, et à ce point de vue, M. Moquin-Tandon n'a aucune excuse pour se dispenser de mettre ce qu'il prétend. en 1860, avoir écrit ou composé il y a trente ans, en relation ou en contact avec tout ce qui a été publié durant ce laps de temps et tout ce qui se publie encore aujourd'hui.

Il serait trop facile autrement pour le premier écrivain venu d'enrichir *son ignorance passée*, de son savoir d'aujourd'hui, aux dépens de ceux qui auraient continué de travailler et de publier dans le même intervalle. Cet abus d'antidates ou de dates rétrospectives ne saurait être encouragé, encore moins toléré, et quand un exemple semblable est donné du haut d'un fauteuil de l'Institut, on ne saurait trop le combattre et le signaler à la conscience publique. Je suis certain, sur ce point, d'exprimer un sentiment que vous partagerez.

Mais les inconvénients que je viens d'indiquer ne sont pas les seuls.

Que l'on veuille, l'année prochaine, faire un aperçu ou un tableau des progrès de la science dans le genre des travaux si bien compris et si bien rédigés jadis par Strickland, de regrettable mémoire, aujourd'hui par les savants et infatigables Cabanis et Hartlaub, quel sera l'embarras du rédacteur mis en présence, par exemple, des *Considérations sur les œufs des oiseaux* (M.-T.) d'une part, et des *Notices d'ovographie ornithologique de l'autre* (D. M.), lorsqu'il verra, entre autres autorités qui y sont invoquées ou tirées de l'oubli, les citations relatives à l'ouvrage de l'*abbé Manesse*, lequel des deux auteurs a révélé le premier ce précieux manuscrit aux oologistes? Evidemment votre serviteur, l'auteur des *Notices* et du *Traité d'oologie ornithologiques*, publiés fort heureusement avant le chapitre V des *Considérations*. Et pourquoi l'auteur des *Considérations* n'en dit-il rien? Apparemment pour s'en appliquer exclusivement tout l'honneur, en passant l'autre sous silence; car on ne peut attribuer un autre sens à ses rappels si fréquents de dates rétrospectives. Cela me remet en souvenir qu'en 1842, M. Moquin-Tandon ne connaissait ni ce manuscrit ni la plupart des oologues modernes dont il m'a demandé la liste avec les titres de leurs ouvrages, que je lui envoyai, et dont il me remercia (30 avril 1843).

Que sera donc, mon cher docteur, dans l'hypothèse que j'émets si ce rédacteur veut exposer l'état de la science au sujet de la *coloration des œufs*? Les dates seules de publication feront foi pour lui, et ici j'en arrive à ce qui vous concerne, but unique de ma lettre.

Il verra, d'un côté, votre savant mémoire sur les *Causes de la coloration des œufs des oiseaux et des parties organiques animales et végétales*, portant la date du 1ᵉʳ mai 1860, dédié, le 27 avril précédent, à l'illustre secrétaire perpétuel de l'Académie des sciences, M. Flourens, qui accepte gracieusement cette dédicace le 29, mémoire dans lequel vous démontrez, à l'aide d'expériences les plus sagaces et d'analyses chimiques les plus exactes, *que les couleurs des œufs sont organiques et non minérales, comme on l'a cru jusqu'à présent; qu'elles procèdent donc d'un principe immédiat;* et vous donnez, en conséquence *des lois de haute physiologie* déduites de vos observations : le nom d'*hépatisme* « au fait de la *coloration chromatique* des œufs et des parties organiques des animaux supérieurs, et celui de *colorisme* à ce même fait chez les plantes et les espèces animales qui manquent de grains glanduleux hépatiques, etc. »

De l'autre côté, il verra un chapitre *des considérations sur les œufs des oiseaux*, intitulé : *De la couleur des œufs*, dans lequel M. Moquin-Tandon reproduit un mémoire exposant les résultats d'analyses chimiques *en tout point semblables aux vôtres*, sauf les corps, et comme *votre répétition*, d'après lesquelles l'auteur conclut « que la couleur verte ou bleue des coquilles dans les œufs d'oiseaux *n'est pas due à des substances minérales*, telles que le phosphate de fer, comme l'ont avancé plusieurs auteurs, ni à du sang modifié, comme l'ont prétendu plusieurs autres, etc. »

Or, ce chapitre a bien paru dans le n° 5 de la *Revue de zoologie,* datée du mois de mai 1860, mais qui n'a vu le jour et n'a été publié que *le 7 ou 8 juin suivant,* comme tous les numéros de chaque mois ne paraissent que dans la *première huitaine du mois subséquent.*

De ces deux mémoires, quel est donc le premier en date ? Le vôtre, bien certainement. Et à qui revient l'honneur de cette découverte, ou plutôt le premier énoncé de ces nouvelles et différentes propositions ? A vous, mon cher Cornay, auteur de si utiles travaux sur la physiologie et sur la Genèse !

L'habileté de rédaction de M. Moquin-Tandon comme celle de sa mise en œuvre ne sauraient empêcher ce résultat.

Mais alors, se demandera encore notre rédacteur, pourquoi M. Moquin-Tandon ne cite-t-il pas une seule fois le nom du docteur Cornay ? Son intelligence, je crois, ne tardera pas à le lui faire deviner.

Et que dirait-on, s'il m'était permis d'apprendre au public savant, et surtout aux nombreux lecteurs de *la Revue de zoologie,* que, quinze jours au moins avant l'apparition du n° 5, vous aviez eu *la délicate attention* de faire hommage de votre mémoire à M. Moquin-Tandon, ce que je n'ai pas lu sans une certaine surprise et sans un certain sentiment de douleur dans votre lettre de désespoir du 9 de ce mois de juin.

Je m'arrête. Vous comprendrez que je fasse une halte dans le cours et en cet endroit de ma lettre, toute d'effusion ; car il arrive un moment où le juge le plus impartial, en présence de *certaines énormités,* perd parfois un peu de son calme.

Quoi qu'il en soit, et que vous en ressentiez vous-même, cette publication insolite m'a d'autant plus surpris que je ne sache pas que M. Moquin-Tandon ait jamais rien publié sur l'origine de la coloration, sur le sang, le fer, etc.

Je vous livre cet écho bien affaibli, mais profondément senti de votre cri de détresse, en toute sécurité de conscience et comme l'impression d'une conviction malheureusement difficile à ébranler dans l'état des choses ; je ne vous dirai pas publiez, mais je vous dirai faites-en de vos mains loyales tel usage que bon vous semblera.

Tout à vous d'amitié,

O. DES MURS.

LETTRE JUSTICIALE

DE

M. le **Vicomte de CUSSY**, Président de *l'Académie nationale agricole, etc.*

AU DOCTEUR J.-E. CORNAY.   J.-E. C.

Vouilly-par-Isigny (Calvados), 7 juillet 1860.

Cher docteur,

Lorsque je vous ai écrit en mai, à l'occasion de votre dernier travail physiologique, je vous disais que j'avais lu avec le plus vif intérêt ce mémoire, d'une si haute portée. J'ajoutais, cher et érudit collègue, qu'en vous lisant, ou en vous écoutant, on se trouvait initié à de nouvelles merveilles, et que nous avions fort regretté votre absence dans nos réunions de ces derniers temps, car vous y savez apporter la lumière dans les questions les plus ardues et partout vous montrer souverainement utile à la marche de nos travaux.

Nous regrettons encore, cher docteur, après avoir étudié, ainsi que nous nous sommes efforcés de le faire, votre intéressante dissertation sur la coloration des œufs des oiseaux et des parties organiques, d'avoir eu à constater que l'on vous avait fait depuis, ou nous nous trompons fort, de ces emprunts qu'il nous paraîtrait juste et loyal d'avouer si l'on veut éviter le *reproche de plagiat*. Cette observation m'est suggérée par un article de la *Revue zoologique*, qui vient de passer sous mes yeux, et est postérieure d'un mois à votre publication.

Nous aurions peut-être hésité à vous signaler ce fait s'il s'agissait d'une œuvre moins remarquable ; mais il n'en peut être ainsi pour votre travail, si dignement apprécié par le célèbre Flourens, qui en a reconnu toute la valeur scientifique.

La lettre qu'il vous a écrite à ce sujet est le plus noble titre qu'un savant puisse donner à un autre, et l'auteur des emprunts dont vous avez le droit de vous plaindre eût dû se montrer plus discret et prudent.

Continuez, cher docteur, en dépit de ces épreuves, les travaux qui vous honorent à si juste titre, et recevez une fois de plus mes chaleureuses félicitations et l'assurance des sentiments d'estime et de haute considération que vous a voués à toujours,

Votre sincère ami et collègue,

VICOMTE DE CUSSY.

Le 11 juillet 1860.

Je dois remercier l'Académie nationale agricole et son très bienveillant président, M. de Cussy, de cette lettre toute affectueuse, et je ressens une grande satisfaction de pouvoir lui dire à la pointe de ma plume que, s'il s'est toujours montré au nombre de ces justes qui savent verser à propos le baume salutaire de leurs consolations sur les blessures, je vois aussi qu'il sait s'armer à l'occasion avec vérité et majesté de la sévérité du juge.

J.-E. CORNAY.

DÉFENSE DU MÉMOIRE

SUR LES

CAUSES DE LA COLORATION

DES

ŒUFS DES OISEAUX

ET DES

PARTIES ORGANIQUES ANIMALES ET VÉGÉTALES

> Chers lecteurs, mes maîtres et mes amis, faut-il
> que j'aie à faire respecter et à défendre mes con-
> ceptions, ma propriété, mon œuvre littéraire et sa
> dédicace immortelle.

Étonné de ce que l'on s'occupait sans cesse d'introduire dans notre pays des végétaux exotiques (1) sans penser à propager le seul arbre à fécule saine de notre sol, dont le fruit savoureux est déjà la base de la nourriture de l'homme dans plusieurs de nos contrées, j'avais fait une notice sommaire sur la propagation du châtaignier franc (*castanea sativa*) au moyen de la greffe pratiquée sur le châtaignier sauvage (*castanea sylvestris*), et j'engageais les botanistes à faire de nouveaux essais de greffe du châtaignier franc sur une série d'arbres, que je citais, qui paraissent avoir quelques rapports, plus ou moins éloignés, avec cette espèce de végétal. J'avais tracé la route à suivre pour tâter la nature à ce sujet et pour chercher à obtenir d'elle, dans l'intérêt de la population peu aisée, de nouvelles richesses alimentaires.

Je demandai à mon honorable confrère, M. Isidore Geoffroy St-Hilaire, à lire ma notice à la Société d'acclimatation. Comme président de cette Société, il me répondit immédiatement :

(1) Chose utile certainement lorsqu'ils peuvent y réussir pour servir à la nourriture, à l'ornement des jardins et à l'industrie.

« Le 19 mai 1858.

« Je m'empresse de vous mettre à l'ordre du jour, en me félicitant
« de l'espoir d'entendre un travail de vous ; je suis, toutefois, obligé
« de vous prévenir que je ne suis pas absolument certain de pou-
« voir, malgré tout mon désir, vous donner la parole : il y a déjà
« plusieurs inscriptions. La Société n'a pas l'avantage de vous compter
« parmi ses membres, au nombre desquels vous serez si bien placé
« à tous égards, et il est de règle que les membres prennent les pre-
« miers la parole. Je ferai, du reste, tout ce que je pourrai pour vous
« la donner, car votre temps doit être ménagé ; vous l'employez trop
« bien.

« Veuillez agréer l'expression de mes sentiments très distingués.

« Isidore GEOFFROY SAINT-HILAIRE. »

Dans cette lettre affable, M. Isidore Geoffroy Saint-Hilaire me faisait
pressentir que je devais être membre de la Société pour lire ma notice ; j'acceptai aussitôt par lettre, et le 23 mai suivant, je fus présenté à la Société d'acclimatation par M. Saint-Hilaire, Auguste Duméril et mon très estimé et affectionné professeur et président de
thèse, M. Jules Cloquet, et de leur propre mouvement, ce dont j'ai
été très touché. Ce fut dans la séance du 11 juin 1858 que je pus
lire ma notice sur la propagation du châtaignier alimentaire. C'était
un petit travail plein de désintéressement de ma part ; mais vous,
monsieur Moquin-Tandon, botaniste, vous n'en aviez point eu l'idée :
c'était assez pour prendre la parole contre ma proposition au lieu de
l'appuyer.

Je proposais la propagation de cet arbre comme plant et comme
greffe, vous avez attaqué la greffe. Ce que vous avez dit se résume
à ceci : « Avez-vous fait des expériences ? » Je répondis que non ;
mais que je demandais que les botanistes sérieux en fissent. Vous
n'aviez point compris, dans votre égarement, le sens de ma proposition ! Voici pourtant des travaux auxquels vous devriez vous livrer, et
dans ce genre seulement ; car à quoi servent vos considérations, trop
inédites, sur des faits connus d'histoire naturelle ? Malgré vous,
ma notice fut appréciée et mon idée acceptée par la Société ; il s'a-
gissait, en effet, de chercher à multiplier les ressources que le seul
arbre à fécule saine de notre pays peut fournir à l'alimentation de
la partie populeuse de nos cités. C'était donc une jolie proposition,
une question toute neuve dans son oubli.

Peu après, M. Auguste Duméril, secrétaire, fit une note sur la lecture de ma notice, qui parut dans le procès verbal de la séance du 11 juin, pages 346 et 347 du *Bulletin de la Société ;* il eut la bonté d'arranger votre affaire de manière à vous attribuer quelques paroles sur la nécessité du sol siliceux utile au châtaignier, *dont vous n'avez pas dit un mot.* Ce fut le très honorable M. Becquerel père seul qui traita cette question incidente avec bonté et avec fruit ; cela était un enseignement pour vous, comme ma notice fut le premier.

On n'a pas la science infuse, monsieur ; tout le monde, même les savants, savent peu ; il faut être modeste et rechercher la vérité en famille, avec un savoir-vivre de bon ton qui ne nuit jamais.

Si vous voyiez la greffe (*Insertio*, H. Cloquet, *Dict. étym.*) se produire entre le néflier et l'aubépine, qui, quoique tous deux rosacés, diffèrent par le port, les feuilles, le bois, les fruits, etc.; si vous voyiez se cramponner les algues aux rochers, des plantes s'unir soit par des radicelles, soit par juxta-position; des plantes pousser dans la substance d'autres plantes vivantes, vous pourriez vous dire connaissant les règles de la greffe, dont les limites sont encore inconnues. Essayons celle du châtaignier alimentaire sur les arbres analogues qui n'y ont point encore été soumis et vous feriez un acte de haute sagesse philanthropique, *même si vous ne réussissiez pas.* Ainsi, vous avez été mal inspiré de prendre la parole contre ma proposition, et ce fut inutile ; ensuite cela était peu bienveillant, car vous étiez du bureau, et j'étais nouveau venu du jour. M. Becquerel seul a donc traité un fait de détail important que j'avais négligé dans ma notice, parce que je ne m'y occupais pas de culture et que tous les arboriculteurs connaissent la question du sol.

Au reste, il est possible que souvent la greffe ne réussisse pas entre certaines essences, par cela même que, coupant la tête des arbres à sève puissante, le bourgeon de greffe ou même le scion se trouve tué soit par l'excès de sève, soit par la dénudation d'une grande surface à côté de la greffe, dénudation où se produit une dessiccation profonde, malgré la poix dont on la recouvre ; ce qui arrive aussi en coupant une branche trop grosse près d'un bouton à feuilles, ce bouton se fane, se dessèche et la branche meurt en partie ou entièrement, le cours des sèves étant dérangé.

Le vent excessif, la chaleur, doivent brûler les feuilles et les plantes en les desséchant, ce qui empêche le travail de circulation, de décomposition et de composition organiques.

Aussi, monsieur Moquin-Tandon, si vous vous livrez désormais à la botanique, je vous engage à respecter, à ne pas désirer pincer ou couper la tête de certains arbres robustes, parce que vos greffes ne réussiraient peut-être pas.

Orfila disait dans ses cours que la chromule rouge se produisait par l'effet de l'acide acétique rencontré par M. Becquerel père dans les feuilles, et que cet acide décomposait la chromule verte en chromule rouge en s'emparant d'un peu de l'hydrogène bicarboné de la première. Quoi qu'il en soit, tout cela est utile à étudier. Vous devez savoir que la greffe des parties herbacées a été découverte il y a peu d'années par M. Tschoudy ; il faut donc encore faire des recherches : on trouve toujours quelque chose en travaillant, et il est sage de ne pas nier les propositions des autres.

Bien que vous ayez fait cette sortie à la Société d'acclimatation au sujet de mes conseils de propager le châtaignier alimentaire, je ne vous avais pas tenu rancune, puisque je vous fis remettre malgré cela mes *Principes d'adénisation*, afin de vous montrer ma bonne confraternité.

A la séance suivante de la même Société, je me trouvais près de vous avant l'ouverture des travaux. D'abord, à l'occasion de mes *Principes d'adénisation*, vous me dites : « J'y ai trouvé plusieurs choses *qui me conviennent* pour un livre que je vais publier. » Je ne sais, monsieur, si vous avez profité de mes idées ; mais on m'a affirmé que vous ne m'aviez point cité. Vous n'avez peut-être point utilisé mes observations ? C'est à vérifier. Je vous parlai ensuite de la greffe, et j'avançai cette phrase : « Vous n'êtes donc point partisan des recherches sur la greffe que je propose ? » Vous vous écriâtes : « Mais, monsieur, *il existe des ouvrages sur la greffe.* » Cela m'a paru si bizarre d'entendre de telles paroles, puisque le plus petit docteur et le plus mince jardinier possèdent des ouvrages sur la greffe, que la conversation ne fut plus continuée de ma part, et je fus bien sûr que vous avez cru devoir être content.

A propos de la greffe, monsieur, permettez-moi de vous conter une toute petite histoire, plus véridique que celle de *la Syrène* : Il y a vingt-cinq ans, près de Rochefort, dans une de nos propriétés de famille, nous avions recueilli un homme déjà bien vieux, ayant une de ces physionomies de dignité qui n'abandonne même pas après la mort ceux qui ont l'avantage de les posséder ; cet individu, auquel généralement on ne faisait point attention, se trouvait avoir cependant une réelle originalité. Un jour, dans sa résidence, il paraît qu'il lui fallut combattre à outrance une sorte d'oiseau de proie dont, en fin de compte, il était demeuré vainqueur.

Eh bien ! cet homme proposait des greffes sur des arbres dissemblables en apparence qui désorientaient le botaniste : c'était *un vrai praticien ;* il connaissait la soudure des plantes, les sèves, le cambium, le liber, la sécrétion granuleuse verte de la greffe, la juxta-position des parties, le pansement, le lieu, le moment, la protection ! Il aurait ouvert volontiers des greffes pour démontrer ce qui se passait dans ce nouvel état de croisement.

Mais je laisse de côté ces détails, qui sont peut-être de nature à vous contrarier ; je n'ai voulu que cela : faire connaître à tout le monde scientifique nos premiers rapports. Vous n'avez pas été convenable pour moi.

Maintenant faites bien attention, monsieur Moquin-Tandon, car je vais devenir plus sérieux.

Je passe à la coloration de l'œuf des oiseaux, qui fait l'objet de cette défense.

Dans l'intéressant Traité d'oologie ornithologique de M. Des Murs, publié *fin mars* 1860, que vous avez acheté le premier chez l'éditeur à ce qu'on assure, et aussitôt sa publication, vous avez lu aux pages 498, 499 et 500 (1), *une note de moi* où je disais, entre autres choses :

« L'œuf, dont la coquille est complexe, est imprégné dans sa partie calcaire de *sucs tinctoriaux alcalins différents, suivant la nourriture des espèces* provenant de la sécrétion muqueuse de l'oviducte ; la coquille imprégnée reçoit dans le cloaque l'action des acides de l'urine, et la coloration se produit.

« Le mystère de la coloration des œufs se trouve dans l'*action chimique* et la difficulté de l'analyse des différentes couleurs des œufs dans l'*enduit muqueux* peu soluble qui unit la couleur à la coquille. »

Vous voyez, monsieur, que j'avais posé là le *principe des sucs immédiats* provenant de la nourriture et de la non *présence du fer*. Le 1er *mai* suivant, j'ai publié mon mémoire sur les causes de la coloration des œufs des oiseaux et des parties organiques animales et végétales.

Mon imprimeur a obtenu son récépissé de déclaration d'imprimer du ministère de l'intérieur, le 27 avril 1860, qui fut inscrite sur le registre ministériel sous le n° 5,097. J'ai écrit, le 27 avril, à M. Flourens pour lui offrir la dédicace de mon mémoire. Le 29, M. Flourens l'acceptait par une lettre charmante et pleine de franchise. Le 1er mai est donc la date de l'impression de mon travail. Mon mémoire a été distribué aux membres des Sociétés savantes et partout, et présenté aux Académies par les secrétaires quelques jours après son impression. J'ai eu l'attention délicate, vers la mi-mai, de vous en offrir un exemplaire. Hélas ! je ne pouvais pas prévoir ce qui devait m'arriver de votre part. Le 11

(1) Cette note a été introduite par le plus grand et maintenant le plus heureux des hasards dans le *Traité d'oologie*. J'étais en visite chez un de mes amis, qui m'annonça que Des Murs avait sous presse un traité d'oologie. Tout en fumant mon cigare, je pris un bout de papier et j'écrivis la note des pages 498, 499 et 500 du *Traité d'oologie* de Des Murs, que vous savez, et cela sans y trop réfléchir ; je la laissai sur la table, et mon ami crut devoir l'envoyer à Des Murs, qui la publia.

juin suivant, un de mes amis m'a signalé, dans le n° 5 de mai 1860 de la *Revue zoologique*, paru le 10 juin, que je ne reçois pas, c'est-à-dire quarante jours après la publication de mon Mémoire sur les causes de la coloration des œufs des oiseaux, etc., et deux mois et demi au moins après ma note sur le même sujet, imprimée pages 498, 499 et 500 du *Traité d'oologie* de M. Des Murs, un article de vous où vous vous appropriez mon travail sous le titre élastique de travaux inédits et de considérations sur les œufs des oiseaux, avec un chapitre intitulé : *Recherches chimiques sur la couleur de quelques œufs d'oiseaux*. Vous possédiez la connaissance entière de ces faits; vous aviez mon Mémoire, la note qui l'a précédé. Pourquoi ne les avez-vous pas cités, au lieu de les absorber à votre profit ?

Si je n'avais point été lié d'amitié avec M. Guérin-Menneville, qui, je l'espère, fera disparaître tous ces titres trompeurs de travaux inédits, j'aurais fait saisir le n° 5 de la *Revue* et poursuivre l'éditeur et l'auteur; car, ayant toute antériorité sur vous, vous venez déflorer mon travail imprimé et mes conceptions scientifiques, et cela sans respect pour la propriété intellectuelle.

Il est immoral de faire paraître sous le titre de : *Travaux inédits*, des faits scientifiques qui ne peuvent dater, suivant l'ordre chronologique, que du jour où ils sont imprimés.

Votre note chimique si étrange, reproduction déguisée et postérieure de quarante jours de mon travail, est souvent une copie presque textuelle de mon œuvre. Vous avez cherché à prendre les bases et les principes de mon travail; il est évident qu'il importe peu à certaines personnes de suivre la ligne brisée, pourvu qu'elles arrivent à leur but.

J'ai le pouvoir de vous saisir et de vous poursuivre, par cela même que vous n'avez pas respecté ma propriété littéraire, mes conceptions, mon œuvre imprimée; on doit respecter la propriété intellectuelle tout aussi bien qu'une autre propriété.

En me réservant ici le seul droit de défense littéraire relativement à mon ouvrage imprimé, j'ai conscience de faire à votre égard un acte de haute générosité; je vais même, monsieur Moquin-Tandon, tâcher, si c'est possible, d'adoucir l'analyse de votre pauvre écrit que je vais exécuter.

Cependant il faut que je signale les choses qui me blessent ainsi que vos erreurs scientifiques.

D'abord, ne m'ayant point cité, cela me prouve que vous n'êtes pas un homme sérieux.

Votre autocratie, c'est-à-dire votre manière de gérer vos affaires sans frein d'aucune loi, vous a porté à exposer dans votre note chimique, sous une forme mutilée et pédagogique, les mêmes faits qui se trouvent développés dans mon Mémoire. Vous n'avez pas pu tout prendre, il eût fallu tout copier; mais rien ne vous a arrêté dans la pu-

blication de votre note chimique indéfinissable (1). Votre envie a do-
miné tout respect. Si mon travail vous avait ému à ce point, monsieur,
il fallait l'analyser et le perfectionner ; il fallait alors, comme il le fau-
dra aujourd'hui, lui rendre des honneurs ; vous avez suivi la même
mauvaise voie pour mon Mémoire sur les colorations organiques, que
pour ma notice sur la propagation du châtaignier, vous ne l'avez pas
respecté, je ne puis donc vous remercier.

Vous n'avez même pas été arrêté dans vos reproductions, en vous
servant de l'exemplaire que je vous fis tenir, par le caractère invio-
lable et sacré que mon Mémoire puise, dans sa dédicace à un de vos
plus savants collègues, M. Flourens, et dans cette lettre de lui d'une
expression si loyale, que tous la considèrent comme un des plus nobles
titres que je puisse avoir ; cela dépasse toute idée du juste.

Mais, monsieur Moquin-Tandon, sachez donc que, à cause même de
cette dédicace, il y va de mon honneur scientifique de défendre ou plutôt de faire respecter mon Mémoire à la hauteur duquel vous n'êtes
point de nature à vous élever comme le prouvent vos reproductions.

D'ailleurs, c'est un cri public qui me demande cette défense. Ah ! si
vous entendiez tout ce que l'on dit de votre manière de faire de la
science, vos oreilles deviendraient des harpes éoliennes.

A la lecture de votre écrit fâcheux, la tête m'est tombée sur la poi-
trine, mes bras pendaient impuissants, j'ai traîné mes jambes ; j'étais
frappé d'étonnement, je dirai même de douleur. Mon âme sincère dé-
bordait, tant il est vrai que les causes morales agissent sur le physique
le plus solide et le cerveau le plus énergique ; je n'ai aucune haine
contre vous, je vous plains ; est-ce un malheur lorsqu'on a sa plume
aussi noble que son épée est savante ; est-ce un malheur lorsque
l'énergie égale la dignité?

Je vous confiais mon Mémoire ; en vous l'envoyant, c'était un dépôt
sacré devant lequel tout égoïsme devait s'effacer, toute ambition s'a-
moindrir ; le travail était fait, était imprimé, vous n'aviez pas le droit
de chercher à vous approprier quoi que ce soit de sa substance, en cachette encore moins qu'ouvertement, en travestissant quelques mots de
science, en changeant sournoisement la forme des expériences ; en
agissant ainsi, vous comptiez sur les gens peu compétents, sur ceux qui
ne comprennent pas et sur mon silence ; vous vous êtes bien trompé :
je vais leur expliquer les faits tout à l'heure, en frappant sur le fond
de votre note chimique. Attendez un peu.

Parlons de M. Des Murs, l'oologiste le plus distingué de notre pays et
peut-être des pays étrangers.

(1) On dirait vraiment, en vous voyant glaner en physiologie, que vous visez
à quelque haute mission, telle que la direction du Muséum ; vous prenez pour
cela une route bien tourmentée, bien dangereuse. Réfléchissez.

J'ai sous la main les nombreux mémoires d'ovographie qu'il a publiés depuis 1842, 1843 et 1844, dont il me fit hommage, et je constate que les matières des écrits de M. Moquin-Tandon sont exactement les mêmes que celles de M. Des Murs dans ses Mémoires, que les dates de M. Moquin-Tandon sont postérieures, excepté son Mémoire de 1824, qui ne peut être cité, parce qu'il est une sorte de compilation de quelques auteurs. Est-ce vrai, oui ou non ?

M. Des Murs a fondé, établi et nommé les caractères oologiques, c'est-à-dire ceux tirés des six formes primordiales de l'œuf des oiseaux ; il a cette gloire impérissable, il les a déterminés et dénommés, après avoir noblement dit tout ce que les auteurs avaient fait avant lui.

Qu'a produit M. Moquin-Tandon ? Des considérations sur les œufs, composées de ce qui est connu, en faisant des emprunts à tout le monde.

M. Des Murs a publié un traité d'oologie ornithologique, fruit de longs travaux et de longues années d'études, aussi complet qu'il est possible de le faire actuellement ; ce traité m'a donné un tel contentement, à moi qui en avais projeté un il y a une quinzaine d'années, que j'en ai fait un examen écrit de mon propre mouvement ; il a été la seule cause du dépouillement de mes vieux manuscrits d'analyse chimique des œufs, etc., et de la publication de mon Mémoire sur les causes de la coloration des œufs des oiseaux et des parties organiques animales et végétales. Ceci est de l'histoire, et encore n'ai-je fait cette publication qu'après avoir demandé à M. Des Murs si cela ne le contrariait pas.

Qu'a fait M. Moquin-Tandon ? Juges, lisez cette défense.

Je laisse de côté vos considérations, dans lesquelles vous avez l'air de vous approprier les observations des autres, par cela même que vous les exposez sans citer le nom des auteurs vivants ; mais sachez bien que ceux qui ne citent que les morts ont déjà eux-mêmes l'apparence de trépassés.

Je reviens à la coloration des œufs.

Dans vos nouvelles considérations que j'appellerai chimiques, vous dites en commençant : J'étais tenté de croire, d'après l'origine de la teinte verte ou bleue de ces coquilles que les couleurs sécrétées devaient offrir un principe immédiat. Quelle origine ? monsieur ; est-ce celle que je vous indique dans mon Mémoire publié quarante jours avant votre note, c'est-à-dire la nourriture végétale et animale colorée qui fournit, comme je l'ai établi, le principe colorant ?

Vous avez découvert, dites-vous, une matière organique particulière très curieuse : n'étant point initiateur, vous arriverez toujours le dernier ; vous l'avez découvert dans mon Mémoire.

Je vous le demande en conscience, comment, après avoir eu entre vos mains mon Mémoire et ma note du traité d'oologie, l'un depuis plus d'un mois, l'autre depuis deux mois et demi, qui annoncent ces mêmes faits, avez-vous pu publier cette découverte sous votre nom, sans dire où vous l'aviez puisée, sans citer l'auteur qui l'avait fait; y a-t-il antériorité de mes publications, que vous connaissiez, sur la vôtre, oui ou non; s'il y a antériorité, ne deviez-vous pas noblement vous effacer; lisez de nouveau dans mon Mémoire les sources de la matière colorante des œufs et des parties organiques, page 6, etc., et recueillez-vous!

Il faut quatre jours pour accomplir ce que vous avez fait d'après mon Mémoire et d'après mes expériences que vous avez copiées ; vous avez donc consommé vos compilations avec une préméditation que l'on ne peut, malgré tout bon vouloir, écarter.

Depuis la lecture de mon Mémoire, vous ne croyez donc plus à cette pluie de sang de l'oviducte, que vous disiez venir colorer les œufs, idée plus ou moins météorologique qui avait pour résultat la production imaginaire d'un sel de fer impossible, vous disiez phosphate de fer, vous auriez pu dire aussi cyanure de fer pour la teinte bleue, pourquoi pas : vous rejetez maintenant la pluie de sang et l'idée du fer que vous preniez naguère aux auteurs; une voix s'est élevée pour me dire qu'il y a peu de jours encore vous professiez la pluie de sang et l'idée du fer.

Quelle heureuse incidence pour vos idées que mon Mémoire ait été publié un mois et dix jours avant votre note chimique.

« J'étais *tenté* de croire, etc., que les couleurs sécrétées devaient offrir un principe immédiat, » dites-vous.

Monsieur, la question étant renfermée suivant moi, à cet égard, dans cette proposition : la matière colorante est-elle métallique ou organique? comme la question était résolue du côté organique dans ma note et mon Mémoire, votre tentation s'explique par la lecture même de mon travail.

Mais que veut dire le mot de principe immédiat que vous employez pour jeter de la poudre aux yeux des incompétents ; ce mot n'a pas la moindre utilité scientifique dans votre note et vous le soulignez ; vous y tenez, nous verrons pourquoi.

Qu'est-ce qu'un principe immédiat? monsieur. « Un principe immédiat, dit Orfila, est une substance composée d'éléments particuliers offrant toujours les mêmes propriétés, quel que soit le végétal ou la partie de végétal qui l'ont fournie et dont on peut séparer plusieurs sortes de matières sans les réduire à leurs éléments, tels sont le sucre, la quinine, la morphine, etc. En effet, lorsqu'on cherche à séparer de ces principes immédiats plusieurs sortes de matières au moyen du feu, des acides, des alcalis, si on les décompose, on en extrait de l'eau, de l'huile pyrogénée, des gaz carburés, de l'acide acétique : ce qui prouve que le sucre, la quinine, etc., *ont été complètement réduits.* » Or, mon-

2

sieur, que serait-ce donc que les matières colorantes végétales dont je fais provenir la matière colorante blanche, contenue dans le chyle, et toutes ses transformations qui s'opèrent dans l'organisme, après avoir été colorée en jaune par l'action capillaire du foie, sinon des principes immédiats. Mais lisez donc un livre de chimie, et vous verrez un chapitre intitulé : *Des principes immédiats colorants !* Le tout était donc de penser à prouver que les matières colorantes des œufs, etc., étaient organiques (par cela même elles étaient des principes immédiats colorants), ce que vous avez vu défini dans mon Mémoire et ma note, publiés si longtemps avant votre écrit.

Vous voyez donc bien que toutes vos conjonctions sont mensongères et se dispersent sous la voix de la vérité.

J'ai écrit, il y a quelques jours, à M. Des Murs pour savoir enfin si vous aviez publié avant moi, monsieur Moquin-Tandon, quelque chose sur la nature de la coloration des œufs, lui qui connaît et qui suit exactement tout ce qui s'imprime sur l'oologie ; eh bien, il me répondit, au 22 juin dernier : « J'ignore s'il a publié quelque chose sur la coloration, sur le sang, le fer, mais j'ai l'intime conviction qu'il n'a jamais rien écrit dans ce sens. »

Ainsi, deux mois et demi après ma note insérée dans le traité d'oologie de M. Des Murs, et 40 jours après la publication de mon Mémoire sur les couleurs, vous avez été pris d'une fièvre d'envie et vous nous faites, sans prouver de dates antérieures, votre note chimique, possédant l'exemplaire que je vous avais fait remettre qui traite à fond cette question.

Vous avez voulu faire quelque chose de plus que mon travail, dans lequel tous les faits utiles sont expliqués, en employant le mot de chromine. Vous cherchez de l'importance dans les mots ; tout à l'heure c'était le mot principe immédiat, maintenant c'est celui de chromine. Vous appelez chromine la matière colorante organique que j'ai trouvé dans les œufs, etc., et que vous avez retrouvé dans l'œuf du casoar ; vous avez fait là une belle affaire de l'appeler chromine.

Vous êtes botaniste, je crois, monsieur Moquin-Tandon ; vous avez donc trouvé tout fabriqué le mot de chromule (de χρῶμα, couleur) par l'illustre De Candolle, qui s'est montré judicieux en employant une expression pittoresque pour désigner d'une manière générale les matières colorantes des végétaux ; vous avez changé le mot de chromule en celui de chromine. Quel effort ! Ce mot de chromine n'est rien de plus que celui de chromule adopté par les auteurs de chimie ; c'est un enfantillage prétentieux et intempestif, vous le verrez dans le cours de cette défense. Mais vous avez eu un but en cherchant à donner ce nom à la matière colorante de l'œuf de casoar, tout est calcul chez vous ; ce but était de faire croire que vous aviez eu l'idée que cette matière pouvait provenir de la matière colorante *végétale* de la nourriture; vous n'avez point osé le dire, car cette idée eut été toute puisée dans mon Mémoire.

J'avais appelé le fait de coloration hépatisme et colorisme. Voulant prendre un petit pied là dessus, vous avez donné à la matière colorante de l'œuf du casoar le nom de chromine.

Mais ce sera inutile, car le nom de chromule demeurera, par cela même que je l'ai respecté et qu'il honore un grand homme, De Candolle : les vrais savants ne sont pas mesquins. Il ne vous restera absolument rien. Vous avez entendu à l'Académie des sciences la présentation de mon Mémoire, vous n'avez pas réclamé, vous n'avez réclamé nulle part ; c'est en cachette, dans une revue zoologique, où vous introduisez vos compilations sans citer les auteurs, et je vous avais fait parvenir gracieusement l'exemplaire où vous avez puisé les éléments de vos considérations entortillées.

Monsieur, j'ai nommé hydrocarbure oxygéné dans mon Mémoire, comme vous le savez, les matières colorantes animales dont j'ai découvert l'origine, les propriétés, l'utilité, les transformations, l'application, ayant respecté dans ce Mémoire et voulant consacrer ce que la chimie a déjà établi, sans introduire comme vous des *synonymies inutiles;* voulant honorer également le célèbre De Candolle, j'avais conservé son mot très-heureux de chromule adopté par tous les chimistes. Voulant plus que jamais honorer le célèbre botaniste et couper court à vos empiètements, je donne à chaque progression d'hydrocarbures oxygénés définie par une couleur spéciale et ses tons divers la terminaison *ule* (1).

J'ai trouvé que les hydrocarbures oxygénés végétaux, ainsi que les hydrocarbures oxygénés animaux, offrent des progressions d'espèces, savoir :

    1° Les hydrocarbures oxygénés blancs.
    2° Les hydrocarbures oxygénés rouges.
    3° Les hydrocarbures oxygénés jaunes.
    4° Les hydrocarbures oxygénés verts.
    5° Les hydrocarbures oxygénés bleus.
    6° Les hydrocarbures oxygénés noirs.

Les hydrocarbures oxygénés colorés végétaux ou matières colorantes végétales alimentaires forment en dehors de l'organisme :

    1° La progression des chromules blanches.
    2° La progression des chromules rouges.
    3° La progression des chromules jaunes.
    4° La progression des chromules vertes.
    5° La progression des chromules bleues.
    6° La progression des chromules noires.

---

(1) La défense de mon Mémoire me force à mettre au jour ces idées que je réservais pour un nouveau travail sur la matière colorante des parties organiques.

Les hydrocarbures oxygénés colorés animaux, ou matières colorantes animales alimentaires (chromules animales) forment en dedans de l'organisme :

1° Les hydrocarbures blancs ou progression des albinules.
2° Les hydrocarbures rouges ou progression des créatules.
3° Les hydrocarbures jaunes ou progression des flavules.
4° Les hydrocarbures verts ou progression des viridules.
5° Les hydrocarbures bleus ou progression des céruléules.
6° Les hydrocarbures noirs ou progression des mélanules.

Les albinules s'observent dans l'albinisme, les créatules dans le créatisme, les flavules dans le flavisme, les viridules dans le viridisme, les céruléules dans le céruléisme, les mélanules dans le mélanisme.

On retrouve à chaque instant dans les espèces végétales et animales et leurs productions, l'albinisme, le créatisme, le flavisme, le viridisme, le céruléisme et le mélanisme partiel ou général. Quelques-unes de ces dernières dénominations sont déjà consacrées dans la science.

J'avais réservé pour un grand travail sur la coloration des parties organiques, l'expérience remarquable que je me vois dans la nécessité de décrire ici ; cette expérience est la *preuve matérielle* de ce que j'ai avancé, savoir : *que la matière colorante jaune hépatique du sérum fournit la matière colorante des œufs et des parties organiques.* On prend une certaine quantité de sang, on sépare, par coagulation ordinaire à l'air libre et sans la chaleur du feu, le caillot sanguin, du sérum par simple décantation ; à mesure qu'il se dépose de la matière albumineuse, on la sépare aussi par décantation ; on laisse se putréfier pendant un mois le sérum, *qui se dépouille ainsi de quelques globules et de beaucoup d'albumine*, qui se précipite sans cesse ; on obtient par cette évaporation simple un liquide plus dense qui du *jaune hépatique* passe au *vert biliaire* par l'oxygénation de l'air. Au bout d'un mois, on verse dans un verre un peu de ce sérum, dont l'albumine s'est putréfiée en partie et qui a répandu pendant quelque temps une odeur d'hydrosulfate d'ammoniaque ; alors on y fait tomber des gouttes d'*acide azotique*, qui produit instantanément un *précipité blanc d'albumine et de matière colorante*. La matière colorante, jaune d'abord, devenue verte ensuite par l'oxygène de l'air, *toujours doublée d'albumine*, devient blanche par l'acide azotique, parce que dans le premier moment l'acide azotique forme de l'eau avec l'hydrogène de cette matière colorante ; mais bientôt cette matière colorante blanche, précipitée avec l'albumine, s'hydrogène et s'oxygène, et passe du blanc au rose, au rouge de sang, à l'orangé, au jaune-serin, au bleu plus ou moins violacé, suivant ses degrés d'oxygénation par l'air. Voici donc la démonstration de ce que j'ai avancé sur la matière colorante hépatique du sérum qui produit sans cause métallique les diverses colorations des œufs et des parties organiques par l'action chimique et vitale dans l'organisme. On sait, par mon premier mémoire, que j'ai obtenu les mêmes transformations sur les matières colorantes des œufs. Tout ce qui est organique possède le principe de la matière colorante. Avez-vous fait quelque chose de semblable, monsieur Moquin-Tandon? Est-ce nouveau? Et si vous imprimez, citez l'auteur.

J'ai dit dans mon Mémoire que les hydrocarbures oxygènes colorés pouvaient se transformer les uns dans les autres en augmentant ou en diminuant un ou plusieurs éléments, et cela par l'action chimico-vitale dans l'organisme et celle des réactifs dans le laboratoire. Ainsi l'albinule peut se changer en flavule, en viridule, etc.; la créatule en viridule et en céruléule, etc.; la viridule en mélanule et la mélanule en albinule, etc., et réciproquement. Ils se mêlent aussi et peuvent exister simultanément. Ces transformations arrivent par ce que l'on nomme en chimie une réduction quand il s'enlève un peu d'un des éléments, une oxygénation ou oxydation quand il s'ajoute de l'oxygène, etc., etc.

Qu'avez-vous inventé sur ces deux derniers mots, monsieur? Assurément une phrase empruntée.

Chacun des hydrocarbures colorés que je viens de nommer ont une composition chimique particulière. D'après tout ce que j'ai dit, l'hydrogène plus ou moins carboné est ce qui paraît le plus fixe dans ces corps, comme je l'ai dit dans mon Mémoire, par le mot d'*hydrocarbure*. Vous avez encore pris de la chimie le mot *isomère*, et avec ce mot ronflant, vous avez l'air d'avoir fait quelque chose. Eh bien! oui, monsieur, ces hydrocarbures sont isomères, c'est pour cela que j'ai réduit ces corps au même dénominateur, qui est l'hydrogène bicarboné, comme le nom que j'ai donné l'indique; c'est ce qui fait que je *remonte forcément à l'expression de chromule de De Candolle, car j'ai démontré que tous sortent de la chromule végétale*, qui est l'hydrocarbure oxygéné alimentaire (1). Qu'avez-vous inventé maintenant? Votre mot de chromine, qu'est-il devenu? il est mort-né.

Je vous ai annoncé au commencement que je serais indulgent, je veux l'être ici. Je me tais; j'aurais pourtant à parler de bien des choses.

Mais je ne puis m'empêcher de vous dire que votre note, petitement chimique, offre, dans la description entortillée des expériences que j'ai fait avant vous, un terre-à-terre propre aux élèves et non aux personnes habituées à la science.

Dans mon Mémoire, j'avais su écarter autant que possible les noms

(1) Pour moi, dans les espèces organisées, les hydrocarbures oxygénés sont la source des huiles, des graisses et des résines par hydrogénation et oxygénation.

de métier, et je n'avais point voulu abuser des expressions de chimie
parce que c'était un travail de physiologie générale destiné à bien des
gens qui ne comprennent rien à la nomenclature technique. J'avais
dit, en finissant : « Ce Mémoire, qui n'est qu'une ébauche d'une
grande étude qui ne pourra se compléter qu'avec le temps, a cet
avantage de poser devant la science les principes de la question de la
coloration des parties organiques. Il fallait donc, monsieur Moquin-
Tandon, respecter ces franches paroles et partir de mes travaux, en
les citant. Personne ne vous eût contredit en les citant, puisque vous
les auriez honorés ; mais ce n'était pas votre affaire, la protection : il
vous fallait l'absorption, car vous n'avez absolument rien produit
de nouveau, pas même les teintes colorées qui sont toutes indiquées
dans mon Mémoire, comme vous le saviez, et que j'ai obtenu avant
vous et il y a bien des années.

Je dois vous dire, pour votre gouverne, que les corps chimiques
employés dans les expériences importent peu quand les principes sont
découverts et établis. Cela est tellement vrai qu'un autre peut venir
encore, en employant d'autres corps chimiques, faire les mêmes expériences, et un autre écrit de la même force que le vôtre, c'est-à-
dire une copie du vôtre, qui est une copie du mien, en ignorant l'existence de celui-ci, qui fut le premier.

La chimie possède assez de corps pour varier les mêmes expériences
sur les mêmes faits. Peu importe l'œuf choisi pour les expériences ;
pour tout le monde, votre gros œuf de casoar ne sera pas plus qu'un
œuf de canard.

Un de vos chapitres a pour titre : *Extraction de la matière colorante*, titre pompeux mais trompeur. En effet, ce titre, monsieur,
est une grosse erreur ; car vous n'avez point extrait la matière colorante, et vous annoncez positivement cette extraction par votre titre.
Vous-même vous prenez soin de le dire ainsi, page 205 : « Malgré les
soins apportés à sa préparation, l'acide acétique, dont j'étais obligé de
faire usage, a toujours dissous une *certaine quantité de matières
étrangères* qui n'ont point été complétement éliminées par l'éther. »
Eh bien ! je vous le demande, est-ce une extraction ? « Chauffée dans
un tube, dites-vous encore page 201, elle se boursoufle et dégage de
l'ammoniaque. » Cette expérience est donc insignifiante, puisque vous
n'avez pas une matière pure, car elle contient des matières étrangères.
Pouvez-vous bien assurer alors (page 205) que la matière colorante
de l'œuf du casoar soit une matière azotée ? Avouez, Monsieur, que
cette affirmation est une énormité ! Vous n'avez obtenu que du gluten coloré, pas autre chose. Le moindre chimiste n'aurait pu écrire un
pareil titre n'ayant rien fait comme extraction, vous n'avez isolé
de la coquille de l'œuf que le mucus coloré, encore l'avez-vous obtenu ?
C'est lui qui s'est boursouflé dans votre tube et qui a donné de

l'ammoniaque, parce que le mucus en contient. Votre chapitre, avec son titre, se présente sous une apparence de réussite qui cache un insuccès, c'est bien une énormité !

Vous avez lu dans mon Mémoire que les acides en général dissolvaient la matière colorante. Je dois vous apprendre qu'ils se combinent avec l'albinule, la viridule, la céruléule, etc., et forment avec elles de l'acétate, du sulfate, de l'hydrochlorate, d'albinule, de viridule, de céruléule, etc. Comme l'acide sulfurique le fait avec l'indigotine, en formant un sulfate bleu d'indigotine ; alors toutes vos opérations par l'éther sont inutiles après l'action des acides et ne donnent aucun résultat de plus que l'acide acétique et les autres acides que j'ai employés avant vous, ainsi que l'éther, comme vous l'avez lu dans mon Mémoire. Quant aux matières grasses de la coquille et qui existent, il faut vous le dire, plus particulièrement dans les œufs de certains oiseaux aquatiques, les acides les font très bien monter à la surface de dissolution, où l'on peut les enlever. Vos lavages et votre éther sont encore employés là sans produire de résultat.

Prouvez donc que ce n'est point un acétate de matière colorante verte que vous avez obtenu, et encore chargé de matières étrangères, suivant vous ; qu'avez-vous fait de plus, que ce que vous avez lu dans mon Mémoire en indications ? Vous vous êtes dit : Il n'a pas décrit cette expérience dans ses détails, décrivons-la minutieusement ; voici votre manière : Vous vous êtes dit : annonçons l'extraction de la matière colorante de l'œuf de casoar, ce sera ronflant.

Toutes les phrases des quelques pages où vous décrivez cette opération d'extraction, que vous avez eu vous-même l'inattention de dire incomplète et impuissante, n'ont aucun but, pour la question de physiologie que je traite, puisque le gluten coloré se comporte aux réactifs comme matière colorante pure. Moi, monsieur, je n'ai point extrait comme vous, que le temps a pressé depuis la lecture de mon Mémoire, qu'une matière colorante ; j'en ai séparé de toutes les couleurs ; j'ai eu des dissolutions de toutes les couleurs, dont plusieurs ont été évaporées et m'ont laissé mieux que ce que vous avez obtenu, qui n'est qu'un résidu, un *caput mortuum*. La belle affaire de dire qu'on a lavé, qu'on a soumis à l'éther ! Et qu'est-ce qui ne fait pas cela ? le moindre élève le fait. Si j'avais décrit toutes-mes expériences, il m'aurait fallu faire un volume.

Voici votre second titre : *« Réaction sur la matière colorante pure*, c'est-à-dire isolée de la coquille. »* Ce titre, monsieur, est la plus haute preuve de votre incompétence, est la plus haute preuve que vous n'avez rien obtenu comme extraction. « *Isolée de la coquille*, » dites-vous ; mais cette phrase marque votre impuissance : elle est votre condamnation. Vous auriez dû dire séparé du gluten de la coquille, avec lequel gluten la matière colorante est combinée, et le tout est mêlé avec les sels de chaux. Cette phrase entortillée est un amas confus de mots lancés pour paraître avoir fait quelque chose et ne rien risquer ; mais elle ne restera pas à l'état de voile obscurcissant la vérité. Comme j'avais parlé du gluten ou mucus, vous n'avez pas osé employer ce mot.

Il faut une heure, mettons un jour, pour qu'un acide quelconque sépare de son propre mouvement et par simple immersion de la coquille, le gluten coloré de la partie calcaire ; l'acide sépare en même temps la matière colorante du gluten, le gluten restant en partie avec les sels calcaires au fond du récipient ou flottant en membrane dans la solution ; la matière colorante forme avec l'acide un acétate, un sulfate ou un hydrochlorate de matière colorante ; vous ne le saviez pas, je vous le dis, votre résidu contient un sel de soude et des sels de chaux. Quel amour de faire des titres ambigus ; tout cela est en éléments dans mon Mémoire. Bien mieux, toutes vos réactions par les corps alcalins, les corps acides, etc., etc., sont idées de mon Mémoire. Vous dites cependant de tels enfantillages, et vous donnez de l'importance à des pratiques si secondaires, que je laisse aux autres à parler de votre exposition, qui vous conduit à quoi, à affirmer mes résultats.

Vient ensuite votre deuxième sous-titre, intitulé : *Réactions sur la matière colorante fixée à la coquille.* Oh! ici, vous copiez presque textuellement mon Mémoire ; elles sont vraiment très curieuses, vos considérations, elles ne sont pas difficiles à faire ; vous ne cherchez plus à vous produire par des subtilités de langage et des entortillements de phrases à deux faces. Cependant, vous vous êtes dit : Il a employé les acides, mais il n'a cité que l'acide acétique, l'acide sulfurique et le vinaigre ordinaire, prenons l'acide hydrochlorique. Mais, monsieur, les œufs d'oiseaux aquatiques et de crocodiles que j'ai étudiés, et bien d'autres œufs que je ne veux pas vous citer, qu'aurais-je pu en faire sans l'acide hydrochlorique, et savez-vous pourquoi? Je vous le dirai plus tard ! Vraiment, votre manière de faire me porte à rire ! Revenons, vous vous êtes dit : Il a cité le chlore et le chlorure de chaux, prenons l'hypochlorite de soude ; il a cité la benzine, citons le chloroforme ; voici vos procédés à mon égard ; je ne vous en remercie pas. Vous croyez donc, monsieur, que je n'ai pas manié ces corps, depuis vingt-cinq années que je m'occupe de chimie; il en est de même de l'acide azotique, de l'acide sulfureux, que je n'ai pas cité particulièrement dans mon Mémoire ; si je ne m'en étais pas servi, comment aurais-je donc pu faire mon étude sur les œufs et les couleurs organiques. Mais je n'ai pas cité l'azotate de potasse, l'azotate de mercure, etc., etc., et cependant je m'en suis servi. Monsieur, si vous veniez vous promener avec moi dans un jardin, je vous ferais les plus curieuses transmutations de couleur sur les fleurs de couleurs différentes que nous pourrions rencontrer. J'ai même trouvé les lois de transformation des couleurs ; je vous dirai cela plus tard ; c'est pourtant avec l'acide azotique et les azotates, etc., que j'opère ; les acides, au contraire, *se conduisent comme pour les matières colorantes animales,* elles les dissolvent sans les changer, ce qui prouve la filiation des matières colorantes végétales et animales ; entendez-vous, c'est bien moi qui ai trouvé cette filiation ; en voici la preuve chimique.

Monsieur, j'ai fait mon Mémoire surtout pour des physiologistes, j'ai cherché à le débarrasser le plus possible des détails puérils de chimie, j'ai voulu le faire clair, j'espère avoir réussi ; au reste, les nombreux témoignages qui me sont arrivés m'ont convaincu à cet égard.

Vous dites : « La matière colorante *fixée à la coquille.* » Par quoi est-elle fixée ? monsieur. Vous n'avez pas osé me copier par trop ici ; je vous eus passé cela, cependant, dans l'intérêt de la vérité ; vous auriez dû dire comme moi, par le gluten. Vous n'avez pas voulu tout dire, comme mon Mémoire, vous trouviez qu'il y avait déjà bien assez d'évidence.

Pour égayer le lecteur et lui montrer un exemple de transcription de phrases de mon Mémoire par M. Moquin-Tandon dans le sien, il suffit de comparer les deux phrases suivantes (page 13) phrases de mon Mémoire antérieur de quarante jours.

D'après *ces expériences on voit : que les diverses matières colorantes se comportent avec les réactifs à peu près de la même manière,* que s'il existe quelque différence dans les réactions, cela tient évidemment aux principes chimiques variables suivant les espèces qui se trouvent dans l'albumine, la fibrine, le mucus et le serum des organes ou des liquides et la composition même des matières colorantes.

(Page 204), phrase de la note chimique de M. Moquin-Tandon :

« *On voit donc que si la plupart des réactifs se comportent de la même manière sur la matière colorante* dont il s'agit, soit libre, soit combinée avec la chaux. »

Je ne cite pas la fin de la phrase, c'est une copie de mes expériences par le chlore et la potasse.

Ainsi, on peut juger du reste, par *cette conclusion ;* vous dites combinée avec la chaux, dites donc avec les sels de chaux, et prouvez-le, monsieur ; le gluten coloré dans la coquille d'œuf n'est pas plus combinée avec les sels de chaux que l'albumine gélatineuse des os est combinée chez eux avec le phosphate calcaire, c'est un mélange non proportionnel, un dépôt galvanique.

Cette manière de procéder ne fait pas progresser la science, au contraire. Mais voilà-t-il pas que vous êtes forcé de me prendre l'ammoniaque, la potasse, l'alcool, l'éther, l'acide acétique, etc. Si vous connaissiez, monsieur, toutes les expériences que j'ai faites sur les matières colorantes, vous seriez bien malheureux d'avoir fait votre note, qui ne peut, en aucune manière, vous profiter.

Enfin j'arrive à vos *considérations générales,* qui se composent de cinquante-deux lignes petites.

Vous proposez de nommer chromine la matière colorante de l'œuf de casoar, *seul œuf que le temps vous ait permis d'étudier depuis la publication de mon Mémoire ;* ce qui n'implique, dites-vous, *aucune propriété spéciale.* Ce mot, déjà jugé plus haut, vous semble très convenable pour désigner une substance qui paraît être l'origine de la plupart des couleurs que présentent les oiseaux ; mais De Candolle et les chimistes avaient jugé avant vous que celui de chromule avait le même sens. Une simple question maintenant où vous avez pris subitement, quarante jours après la publication de mon Mémoire sur les causes de la coloration des œufs des oiseaux et des parties organiques animales et végétales, et deux mois et demi après ma note du traité de M. Des Murs, où avez-vous pris subitement cette idée de l'origine de la matière colorante, *et vous le faites à contre-sens* encore? il fallait bien que vous disiez quelque chose sans paraître me copier, *vous le faites mal, voici pourquoi :* c'est que la matière colorante de l'œuf du casoar est une matière excrétée, elle ne peut donc point être l'origine de la plupart des matières colorantes des oiseaux, elle ne peut être que le résultat de la matière colorante végétale digérée, puis hépatisée, que la circulation, comme je l'ai dit, va fournir à la membrane ovarienne (1) qui l'excrète après l'avoir secrété, c'est-à-dire formé, préparé et approprié à son but. Vous vous êtes dit : Il fait venir la matière colorante d'un côté, faisons-la venir d'un autre ; c'est joli, très joli, vous renversez la nature, peu vous importe, à vous, botaniste. Je ne veux pas qualifier votre action en elle-même ; d'ailleurs ce grand fait physiologique de *l'idée d'origine* de la matière colorante est si largement expliqué dans mon Mémoire, qu'il est impossible qu'il passe inaperçu du lecteur et qu'il me soit pris par qui que ce soit!

Vous n'avez pu, dites-vous, séparer la matière verte de l'œuf du casoar en substance bleue et en substance jaune, *donc vous ne connaissez pas la loi de la transmutation de ces couleurs.* Eh bien, monsieur, ces transformations ne peuvent s'opérer que du vert au bleu, plus oxygéné, que du vert au jaune, moins oxygéné. Mais laissez de côté, je vous prie, votre mot substance, qui annonce une poudre ou extrait ; avec les hydrocarbures oxygénés les plus fins se trouvent en défaut, pourquoi ne voulez-vous pas l'être. Si vous connaissiez la distillation sèche des résines, vous sauriez les variétés de teintes que prennent les huiles légères que l'on en obtient par leurs doses variées d'oxygène ; voyez aussi les teintes rose, rouge, jaune, verte de la benzine, dues aux différentes oxygénations de cet hydrocarbure, la pro-

(1) Voyez-vous l'entortillement, le renversement du vrai pour avoir l'air d'avoir fait quelque chose.

gression des hydrocarbures est nombreuse d'espèces, mais celle des hydrocarbures oxygénés paraît bien plus nombreuse d'espèces encore. Seulement, dans votre intérêt, ne touchez pas à cette question, c'est un bon conseil que je vous donne à vous, botaniste, vous vous y perdez.

A propos de vos oxydations et de vos réductions, mots fantastiques de votre écrit, par lesquels vous cherchez à voiler vos répétitions et vos compilations, il est nécessaire qne je vous dise la loi que Kulhmann a établie (*Annales de Chimie*, 1835), et que vous semblez ignorer. D'après cet auteur, l'oxygène est le principal agent de coloration, tout corps qui peut enlever ce corps à une matière colorante altère la couleur. Tels sont, monsieur, l'hydrogène, le protoxyde d'étain, l'acide sulfureux, le sulhydrate d'ammoniaque, l'acide sulhydrique, etc., l'oxygène ou l'air suffisent pour ramener la coloration lorsque l'action désoxygénante a cessé (Kulhmann). » Vous voyez que vous n'avez rien inventé, que vous avez copié, et c'était inutile ; voici votre phrase : « La couleur jaune dérive de la matière colorante verte de l'œuf du casoar par l'action des corps réducteurs, comme l'indique l'action des acides sulfureux et sulhydrique, la couleur rouge, des substances oxydantes, etc. » Vous voyez que c'est Kulhmann qui a fait ces expériences; j'en faisais, dans mon Mémoire, une application à l'œuf des oiseaux et aux couleurs organiques, vous m'avez copié, voilà tout. Ainsi vous n'avez rien fait de nouveau, sinon une erreur pour la couleur rouge qui ne peut descendre de la verte par oxydation? Vous avez fait de l'eau sans le savoir; il y a eu alors désoxydation.

Maintenant, permettez que je vous donne une toute petite leçon d'application.

Vous écrivez, page 197, de vos étonnantes considérations, n° 5, 1860, *Revue zoologique*, que c'est à l'influence de la lumière que les œufs doivent de perdre leur couleur dans vos collections. Eh bien, monsieur, cela est probablement dû à l'hydrogène sulfuré ou à un gaz analogue, qui se développe dans les appartements par la présence de l'homme; c'est la première fois de ma vie que j'entends dire à un botaniste que la *lumière décolore*, toute la nature est là pour vous contredire; la lumière favorise au contraire les actions chimiques des corps en présence soit dans l'air, soit dans les liquides, soit dans les solides. Voyez les fruits; voyez le nitrate d'argent cristallisé en solution qui passe en noir, etc., etc.

Vous dites que certains œufs qui viennent d'être pondus renforcent leur couleur. La loi de Kulhmann vous crie que c'est l'air qui les oxyde et son oxigène qui les colore; la matière colorante rouge des muscles passe également au vert biliaire pendant la décomposition cadavérique, par oxygénation.

La couleur jaune, dites-vous, dérive de la matière verte de l'œuf du casoar, comme l'indique l'action des corps réducteurs ; vous avez copié ici mon opération par le chlore, vous vous êtes dit : il a cité le chlore pour exemple, citons l'acide sulfureux ; il agit sur l'hydrogène , agissons sur l'oxygène ; mais un autre après vous pourrait vous copier aussi, en prenant le protoxyde d'étain, etc., qui produit le même effet sur l'oxygène. Vous voyez bien que vous deviez respecter le principe que j'avais posé sachant aussi bien que vous l'action de l'acide sulfureux employé par tous les blanchisseurs. Au reste, il faut vous le dire encore, c'est à Kulhmann que nous devons tout cela depuis 1833. En effet, cet auteur annonce que l'acide sulfureux employé à la décoloration des étoffes, etc., agit en s'oxygénant aux dépens de l'oxygène de la matière colorante ; mais sachez que ce que vous dites *est inverse dans l'organisme*, qui tend toujours à l'oxygénation de la matière colorante blanche du chyle. Dans la nature vivante, la couleur jaune ne dérive pas de la matière colorante verte, mais provient de la matière colorante blanche et la verte provient de la jaune ; voilà ce que vous ne saviez pas. En effet, la matière colorante blanche dans le chyle passe à la matière colorante jaune hépatique et verte biliaire ; il en est de même dans le tissu des végétaux, c'est la blanche incolore qui fournit la jaune, puis la verte, en s'oxygénant.

La loi d'oxygénation, autant qu'on peut l'affirmer, dans un ensemble de phénomènes aussi fugaces mais d'après des expériences concluantes cependant, semble s'établir ainsi du blanc peu oxydé au rouge, à l'orangé, au jaune, au vert, au bleu, à l'indigo, au violet, au noir très oxydé (1).

En sorte que l'albinule, ou hydrocarbure oxygéné blanc, serait une sorte de protoxyde ; le noir, étant le dixième degré d'oxygénation serait le dixième oxyde.

Nous pensons, d'après nos expériences, que les modifications de quantité d'hydrogène et de carbone des matières colorantes organiques peuvent également influencer le ton des couleurs.

Ainsi donc le terre à terre domine dans votre note chimique pleine d'absences physiologiques, vos conclusions étant inverses des lois naturelles.

Quoique vous ayiez pris le soin de changer quelques uns des réactifs pour préparer votre matière verte de l'œuf du casoar, vous avouez avoir été forcé de vous servir, comme je l'ai fait, de l'acide acétique : « *l'acide acétique*, dites-vous, *dont j'étais obligé de faire usage* (p. 205). » Vous ajoutez qu'il a toujours dissous une certaine quantité de matières étrangères, *et vous appelez votre matière verte une substance pure*. C'est incroyable. Vous n'avez donc obtenu que du gluten coloré, vous n'avez donc point fait l'extraction que vous annoncez.

(1) Mais chaque progression a ses degrés, ses tons et son summum d'oxygénation, d'état en soi, que l'on ne peut transmuter, changer. Ceci est une application et une grande loi naturelle qui m'appartient encore, qui régit les espèces.

A la fin de vos considérations générales, vous devenez méchant; c'est le coté tragique de votre mise en scène, et cela prouve que la passion vous égare, car vous vous dévoilez vous-même, en faisant voir avec évidence que vous avez lu et consulté mon Mémoire; en effet, vous citez, en le soulignant, le titre du mémoire de M. Bogdanow, intitulé : « *Mémoire sur les causes de la coloration des oiseaux,* » et vous vous dites : il sera déconcerté de voir cité un titre *qui commence comme le sien,* intitulé : Mémoire sur *les causes de la coloration* des œufs des oiseaux et des parties organiques animales et végétales.

Je n'avais point l'avantage de connaître le mémoire de M. Bogdanow, écrit en russe, et le peu que vous en savez c'est ce qui a été publié dans la *Revue zoologique,* comme on me l'a dit il y a quelques jours.

J'ai cessé d'être abonné à la *Revue zoologique* en 1855, le mémoire de M. Bogdanow est de 1858. Et cela est si vrai que je l'ignorais, que mon Mémoire n'a aucun rapport avec ce qu'on dit de cet ouvrage, qui traite du *pigment des plumes;* vous ne pouvez pas en dire autant du mien que je vous ai fait remettre. Vous citez les auteurs russes, mais vous ne citez pas un compatriote; vous l'absorbez: il n'y a pas que M. Bogdanow qui ait parlé du pigment. M. Bogdanow reste sur son terrain et j'en ai un plus vaste et différent, quoique le pigment se trouve impliqué dans les déductions de mes recherches comme contenant une matière colorante.

Examinons un peu ce que dit l'auteur russe.

Les plumes, pour lui, sont ordinaires ou optiques (1); les ordinaires sont pigmentales; il a appelé certain pigment zooxanthine (j'ai lu cela dans votre note, monsieur Moquin-Tandon), ce qui veut dire xanthine animale. Eh bien! c'est Kulhmann qui a désigné par le mot de xanthine une matière extractiforme offrant des traces de cristallisation et constituant la couleur jaune de la garance, modification de l'alizarine orangée qui provient aussi de la garance. Quel rapport, Monsieur, y a-t-il entre l'hydrocarbure oxygéné jaune des plumes des oiseaux avec la xanthine, qui offre des traces de cristallisation et qui provient d'une substance qui tue les oiseaux, la garance. D'ailleurs, pourquoi ne serait-ce pas aussi bien de la lutéoline, qui provient du réséda luteola, la gaude, etc., et ce qui ferait alors de la zoolutéoline.

M. Bogdanow nomme zooérythrine, dites-vous, une autre matière colorante, ce qui veut dire encore érythrine animale. C'est à Heeren que l'on doit ce nom de érythrine qui désigne une substance tirée du

---

(1) Il n'y a pas de plumes optiques, suivant moi ; la matière colorante est la même dans toutes les plumes, et l'éclat métallique est le résultat *du miroitage* de la partie cornée sur la matière colorante et non pas un effet de prisme et de réfraction dans des plumes incolores. Au reste, pour bien juger ce que dit M. Bogdanow, il faudrait avoir une traduction française de son mémoire.

Lichen Roccella, d'une apparence cristalline, d'une teinte rougeâtre, qui, dit-il, ne lui est pas propre. Quel rapport y a-t-il entre cette substance et celles des plumes, pour tout le monde ? Rien, monsieur. Eh bien ! vous avancez, page 205, que ce sont des substances qui dérivent par réduction ou par oxydation de votre matière colorante de l'œuf du casoar. Comment pourraient-elles dériver de cette matière colorante verte ? par quelle voie organique ; par quel canal ?

Ce langage est incompréhensible et d'une confusion incroyable. Je ne veux point insister sur cela, monsieur. Je passe, vous ayant démontré que votre méchanceté est un coup d'épée dans l'eau.

Vous dites, page 205 de votre note chimique, « que vous n'avez pas cru devoir faire l'analyse élémentaire de votre chromine , car aucun caractère important ne vous a pu permettre de la considérer comme une substance bien définie. » C'est que vous n'avez point voulu arriver à ma conclusion d'un hydrocarbure oxygéné ; mal définie, dites-vous. Eh bien, vous êtes dans l'erreur, le chlore lui enlevant de l'hydrogène, l'acide sulfureux de l'oxygène, à moins que ce soit de l'eau, elle contient du carbone, carbone que je pourrais vous démontrer, par le procédé de Gay-Lussac, en le brûlant au moyen du bioxyde de cuivre , de manière à transformer, avec l'oxygène de cet oxyde, ce carbone de la matière colorante en acide carbonique. C'est donc un hydrocarbure oxygéné. Mais, dès à présent, je n'ai point besoin de cela pour être sûr que la matière colorante animale est un hydrocarbure oxygéné. Rien que son origine végétale le prouve. Vous avouez avoir nommé chromine un corps que vous ne connaissiez pas, vous avouez que vous ignoriez sa nature. C'est bien, monsieur ; moi qui le connais, je l'ai défini. Cette phrase qui vous est échappée est un trait de plume sur votre note chimique.

Mais, dans la phrase suivante, page 205, vous avouez encore que votre chromine n'était pas pure, puisque vous dites que « l'acide a toujours dissous une certaine quantité de matières étrangères. »

Vous terminez donc votre note en niant ce que vous annonciez avoir fait.

Enfin votre résumé de huit lignes contient une grande compilation, une ignorance et une incertitude.

Voyons d'abord la grande compilation :

Voici votre phrase : « En résumé, la couleur verte ou bleue des coquilles n'est pas due à des substances minérales, comme l'ont avancé quelques auteurs, etc. (page 205 de la *Revue zoologique*).

Voilà la phrase de mon Mémoire antérieur au vôtre de quarante jours : « Ces expériences ont démontré que les couleurs des œufs sont organiques, et non minérales comme on l'a cru jusqu'à présent, etc. (page 10). Avez-vous absorbé, oui ou non ?

Voyons l'ignorance :

Vous prétendez que la matière verte pure de l'œuf du casoar, renfermée et chauffée dans un tube, a dégagé de l'ammoniaque. Vous aviez dit au paragraphe précédent qu'elle contenait des matières étrangères (qui ne peuvent être que du gluten animal), et vous avez eu l'audace de conclure que cette matière verte, *contenant des parties de gluten qui est azoté,* était azotée et résultait d'une matière azotée. De quelle matière azotée résulte-t-elle, monsieur ? Est-ce possible que l'on vienne nous faire des phrases aussi ambiguës ; allons, réfléchissez.

J'ai établi dans mon Mémoire, qui vous a forcé à l'entortillement de vos phrases, que la matière colorante végétale ou animale par sa digestion dans l'estomac et sa modification en jaune dans les capillaires du foie s'azotait ; oui, monsieur. Mais je ne crois pas à autre chose *qu'à son doublement de mucus, d'albumine,* etc. (1), comme je ne crois qu'à son *doublement de graisse* dans le tissu cellulaire gras, la matière colorante constitue une sorte de composé avec le mucus, avec l'huile, la graisse, l'albumine, la fibrine, etc. Nous sommes bien loin de compte, comme vous le voyez. Les matières colorantes sont des hydrocarbures oxygénés qui ne s'azotent, suivant moi, que par la présence d'un corps azoté ; ôtez le corps azoté, ils ne le sont plus. Si vous trouvez de l'azote dans les matières colorantes organiques animales sans qu'il y ait de matières étrangères qui en contiennent, tels que le mucus, l'albumine, etc., ce fait, monsieur Moquin-Tandon, *vous appartiendra.* Vous ne l'avez point établi, votre substance, contenant des matières étrangères. Mais, en outre, à quoi cela vous servira-t-il ? Au point de vue physiologique, à rien !

Vous avez voulu me lancer un trait de Parthe en me citant le mémoire de l'honorable M. Bogdanow, il est de bonne guerre que je vous renvoie ce même trait à la manière française, c'est-à-dire ouvertement ; comme vous êtes botaniste, cela vous ouvrira les voies sur l'histoire de la chromule de De Candolle.

Vous saurez, monsieur, que :

« Il se produit, pendant la germination, un acide que Runge a appelé verdeux, et de l'hydrogène bicarboné ; celui-ci jouerait le rôle de base, en sorte qu'il se forme un verdite d'hydrogène bicarboné incolore ; ce sel a-t-il le contact de l'air, il en absorbe l'oxygène et donne un verdate de couleur verte, ce qui constitue la chromule verte de De Candolle et des auteurs (Orfila). » Ainsi le mot de chromule panaché des faits que je vous ai déjà cités dans cette défense, est bien suffisant ; n'est-ce pas pour exprimer les hydrocarbures oxygénés colorés des végétaux et des animaux. C'est pour ces raisons que tout le monde conservera saintement ce mot pour honorer l'illustre De Candolle, comme

(1) L'albumine du sérum donne les mêmes réactions et les mêmes colorations que la matière colorante animale ; l'albumine du blanc de l'œuf s'oxygène en beau jaune serin, etc.

j'ai établi la filiation entre les hydrocarbures oxygènes, colorés des végétaux, et les mêmes corps chez les animaux; ce mot restera dans la science. Voici l'ignorance; voyons l'incertitude :

Vous dites, page 205 : « Cette matière est la source des différentes teintes que présentent les œufs colorés. » Mais j'avais imprimé avant vous, page 6 de mon Mémoire : « Quant à la source de la matière de la couleur de l'œuf des oiseaux, nous voyons son siége dans la matière jaune du serum préparée au foie, etc. » (qui provient de l'albinule du chyle) (1).

Vous ajoutez : « Elle *paraît être* l'origine des couleurs variées qu'on observe dans les plumes. » Il paraît, dites-vous : Voici donc l'incertitude après la copie, l'incertitude après la dérivation à la zooxanthine et à la zooérythrine. A qui paraît-il qu'elle *est l'origine*, monsieur, si ce n'est au docteur Cornay, qui a démontré que toutes les matières colorantes animales provenaient de la nourriture végétale. Relisez, relisez mon Mémoire, page 13.

Ainsi se termine ma trop courte analyse de votre triste note chimique. Je prie Dieu qu'elle vous soit légère, je l'ai faite sans animosité, et j'ai même attendu pour l'exécuter que le premier moment de mon étonnement et de ma douleur soit passé pour avoir l'esprit tranquille et sans passion.

Quoi qu'il en soit, je ne suis point de ceux qui se laissent détourner des questions générales sur des questions particulières et sur des détails chimiques secondaires.

Je reviens donc aux grands résultats de mon Mémoire.

J'ai découvert *l'origine végétale des matières colorantes animales*, je tiens beaucoup à ce fait qui, si je ne me trompe, est un très grand principe physiologique. Avez-vous produit, monsieur Moquin-Tandon, quelque chose d'aussi philosophique.

J'ai donné le nom d'hépatisme au fait de coloration des parties organiques chez les animaux supérieurs, et celui de colorisme à ce même fait chez ceux qui n'ont point de glandes hépatiques, pour rappeler encore un autre grand principe physiologique, *l'usage du foie*, que j'ai encore établi, c'est-à-dire la transformation en jaune de la matière colorante ; j'ai dit que la bile préservait les aliments de la putréfaction dans les intestins, elle doit également dissoudre, dans le duodenum, les matières grasses non digérées dans l'estomac.

J'ai décrit la circulation de la matière colorante depuis sa digestion dans l'estomac jusqu'à son application aux tissus; depuis son origine végétale ou animale dans les aliments jusqu'à ses transformations de

---

(1) L'albinule du chyle, des œufs blancs, du lait, des poils blancs, etc., du corps muqueux de la peau des poissons, etc., l'albinule, cette matière colorante blanche, vous ne la connaissiez pas, je vous apprends son existence.

couleur par le fait de son oxygénation ou de sa désoxigénation. J'ai
démontré que chez le fœtus des mammifères et l'œuf des oiseaux, qui
ne reçoivent pas d'air, le foie par le trou de Botal pour les premiers et
le jaune pour l'œuf fournissaient la matière colorante jaune qui se
désoxygène en rouge dans les globules du sang et dans les muscles.
J'ai prouvé que les matières colorantes animales étaient organiques et
non minérales, que chaque organe avait la propriété chimico-vitale de
transformer et d'approprier ces matières aux tissus.

Je passe une foule d'aperçus nouveaux, de crainte d'être ennuyeux
pour mes lecteurs.

J'ai annoncé que mon Mémoire n'était qu'une ébauche d'une grande
étude qui ne pouvait se compléter qu'avec le temps.

Que c'était sur le fait de coloration que reposait en partie la connaissance des races pures et domestiques, ainsi que certains phénomènes d'hygiène (sécrétions anormales, maladies, nourriture herba-
cée, etc.), d'assimilation et de composition organiques.

J'ai donc établi de grands principes de physiologie dont vous,
monsieur Moquin-Tandon, avez cherché à me ravir quelques-uns, vous
ayant moi-même fait tenir et offert mon Mémoire un mois avant la
publication de votre note.

Sachez, monsieur, qu'un Mémoire imprimé est une sorte de brevet
pour les conceptions nouvelles qu'il renferme ; mes conceptions sont
ma propriété, c'est une propriété intellectuelle, il est juste de n'y pas
plus toucher qu'à la propriété matérielle. .

En vous envoyant mon Mémoire, monsieur Moquin-Tandon, je vous
faisais un dépôt de confiance, devant lequel tout intérêt particulier
devait s'annuler et disparaître. C'eût été poli, juste et prudent.

Mais, de toutes vos compilations, que vous reste-t-il maintenant ?
Rien, monsieur, absolument rien, excepté peut-être une grande
confusion.

Ma défense, noble comme mon cœur, vous replonge dans cette
obscurité et ce second plan desquels vous n'auriez point dû sortir, par
je ne sais quelle passion : est-ce l'orgueil, est-ce l'envie?

Eh bien ! je vous le demande, ai-je pu, pour vos énormités à mon
égard, vous montrer plus d'indulgence et vous faire moins de re-
proches?

Juges, lisez mon mémoire ; Juges, lisez cette défense !

Chers lecteurs, mes maîtres et mes amis, fallait-il
que j'aie à faire respecter et à défendre mes conceptions, ma propriété, mon œuvre littéraire et sa
dédicace immortelle.

JOSEPH-ÉMILE CORNAY.

Paris.— Typ. de Mme SMITH, rue Fontaine-au-Roi, 18.